电池科普与环保③

电池大环保

马建民 / 主编　　咪柯文化 / 绘

电子科技大学出版社
University of Electronic Science and Technology of China Press
· 成都 ·

前 言

人类对能源的探索永不停止

人类对能源的探索，自古以来就未曾停歇。由于地球上可供开采的煤炭、石油、天然气等非再生能源十分有限，因此，现在全世界都将目光聚焦在太阳能、风能、核能、潮汐能等再生能源的开发与利用上。

能源问题是关系国家安全、社会稳定和经济发展的重大战略问题。如何优化资源配置，提高能源的有效利用率，对人类的生存和国家的发展都具有十分重要的意义。

如何积极发展新能源是人类必须共同面对的一项重大技术课题。新能源技术的不断进步，特别是动力系统的不断改进，为能源结构的转型提供了可能。然而，虽然新能源的类型很多，但世界上至今还没有出现实用的、经济有效的、大规模的直接储能方式。因此，人类不得不借助其他间接的储能方式。

电能，作为支撑人类现代文明的二次能源，它既能满足大量生产、集中管理、自动化控制和远距离输送的需求，又具有使用方便、洁净环保、经济高效的特点。用电能替代其他能源，可以提高能源的利用效率。

我们今天所有的可移动电子设备，其运行都离不开电池。电池的出现使人类的生活更加便捷，特别是在信息时代来临之后，电池的重要性更为突出。我国不仅是世界排名第一的电池生产大国，还是世界排名第一的电池消费大国。

虽然人类在电池的研究方面已经取得了丰硕的成果，但研究者一直在寻找更好的电能储存介质。随着科学的发展、新能源技术的成熟，在未来，哪一种类型的电池能够脱颖而出还未可知。希望此书能激发孩子们对电池的兴趣，未来能为我们揭晓谜底。

马建民

2024 年 3 月

废旧电池的危害及防治

有害元素	代表电池	对人体的毒害作用
镉	镍镉电池	镉进入人体使人的肝和肾受损，也会引起骨质松软，重者造成骨骼变形
铅	铅酸电池	铅主要作用于人体的神经系统、循环系统、消化系统，能抑制血红蛋白的合成代谢过程，还能直接作用于成熟红细胞，对婴幼儿影响很大，能导致儿童体格发育迟缓，慢性铅中毒可导致儿童的智力低下

对环境的影响	防治措施
当自然环境受到镉污染后，可通过在生物体内的富集作用，蓄积在生物体内，通过食物链进入人体	目前人类对于镉、铅、钴这三种元素造成的环境污染的治理方法主要是利用植物修复法，指用绿色植物来转移、容纳或转化重金属使其对环境无害。这种技术因其成本低，利于土壤生态系统的保持，对污染地景观有美学价值，且对环境基本没有破坏作用，从而被大规模应用于净化土壤或水体中的污染物
空气中的铅烟尘达到一定浓度对人体是有害的。并且，铅无法降解，排入环境之后很长时间仍然保持毒性	

有害元素	代表电池	对人体的毒害作用
钴	钴酸锂电池	人摄入钴超过500毫克就会中毒。钴中毒的临床表现为食欲不振、呕吐、腹泻等
氟	锂离子电池	低浓度氟污染对人畜的危害主要为牙齿和骨骼的氟中毒。牙齿氟中毒表现为牙齿着色、发黄、牙质松脆、缺损或脱落。骨骼氟中毒表现为腰腿疼，骨关节固定、畸形，骨质密度增加，关节、韧带钙化等

对环境的影响	防治措施
钴在天然水中常以水合氧化钴、碳酸钴的形式存在，或者沉淀在水底，或者被底质吸附，很少溶解于水中。 土壤中的钴会严重影响周围动植物的生长和发育，在土壤溶液中浓度为10毫克/升时，可使农作物死亡	植物修复法
氟污染可以使动、植物中毒，影响农业和牧业生产	为了防止过量氟对人体健康的危害，我国在《工业企业设计卫生标准》规定了来自于工厂的氟的排放量，并加以严格管控

有害元素	代表电池	对人体的毒害作用
磷	磷酸铁锂电池	过量摄入磷，会对人体造成如骨质疏松易碎、牙齿蛀蚀等损害。表现为影响钙的吸收、利用，对骨骼产生不良作用，但体内足量的钙，可有效防止高磷的不利影响

对环境的影响	防治措施
磷化工行业主要污染物是废气和粉尘、废水、固体废物（简称“三废”）。这些污染物中含有许多含磷化合物，它们进入大气，江河湖海和陆地，成为我国环境污染最主要的来源之一	1. 控制河流、湖泊水体磷污染，制定环境标准；2. 加强立法管理，设立管理机构和加强水质监督管理；3. 深层曝气、疏浚底泥，控制泥磷的释放；4. 控制非点源磷污染负荷；5. 种植水生植物，如水葫芦、凤眼莲，可以吸收水中的磷污染物质，从而降低水体的污染负荷；6. 养殖草食性鱼类，如白维、花缝、卿鱼等，以除掉水中大量的磷；7. 对点源磷污染实施工程治理，限制含磷洗涤剂的使用，减少点源磷排放

故事导读

电池王国是一个庞大的国度，生活着许许多多的电池家族，每个家族的电池人都有着特殊的本领。他们勤劳能干，驱动各种设备运转，促进人类世界不断发展。

在电池王国，每天都有故事发生。自从锂锂继任国王以后，为电池王国的更新换代作出了卓越的贡献。偷偷潜入“历史回廊”的不速之客——镍霸，竟利用心灵宝石的力量，蛊惑了一大批废旧电池，组建起了一个名叫“废旧电池联盟”的组织，企图污染人类世界。

面对这一场危机，锂锂将如何应对呢？一起来看看吧！

角色介绍

锂锂

家族：
锂离子电池

大铅

家族：
铅酸电池

机器人 X

闪闪

身份：
电池王国的守护精灵

镍霸

家族：
镍镉电池

目 录

电池大揭秘 /025

1

大战在即

收到机器人X的紧急通知，在电池王国与人类世界的交界处，有一个电池人村庄，被一支名为“废旧电池反叛军”的军队侵占了。

于是，锂锂决定，马上前去平息战乱、调查原委。

恐怕这事又是与镍霸有所关联……我们需要马上出发！去制止他们！
闪闪，你在吗？
有什么需要帮助的吗？
我希望你能用空间宝石送我们到叛军所在的地方，我需要尽快调查清楚！
好的！
机器人X，马上召集王国护卫军！随时待命！
不过，由于空间宝石被损坏，我无法将整个军团一起传送，只能分批次传送了……

在闪闪的帮助下，锂锂与大铅带领第一批王国护卫军火速抵达了现场，将叛军团团包围起来。

正当王国护卫军与叛军僵持不下的时候，镍霸手持着心灵宝石，出现在众人面前！

锂锂担心王国护卫军由于无法得到空间保护罩的保护而被镍霸所控制，只能下令紧急撤离。

2

废旧电池联盟

自从赶走了前来平息叛乱的护卫军之后，镍霸加快了“招兵买马”的步伐。他利用心灵宝石的力量，快速在王国边境召集起来一大帮被人类界定为有害电池的废旧电池。

就这样，“废旧电池反叛军”摇身一变，扩张成为了“废旧电池联盟”，一个无比邪恶的计划正式开始……

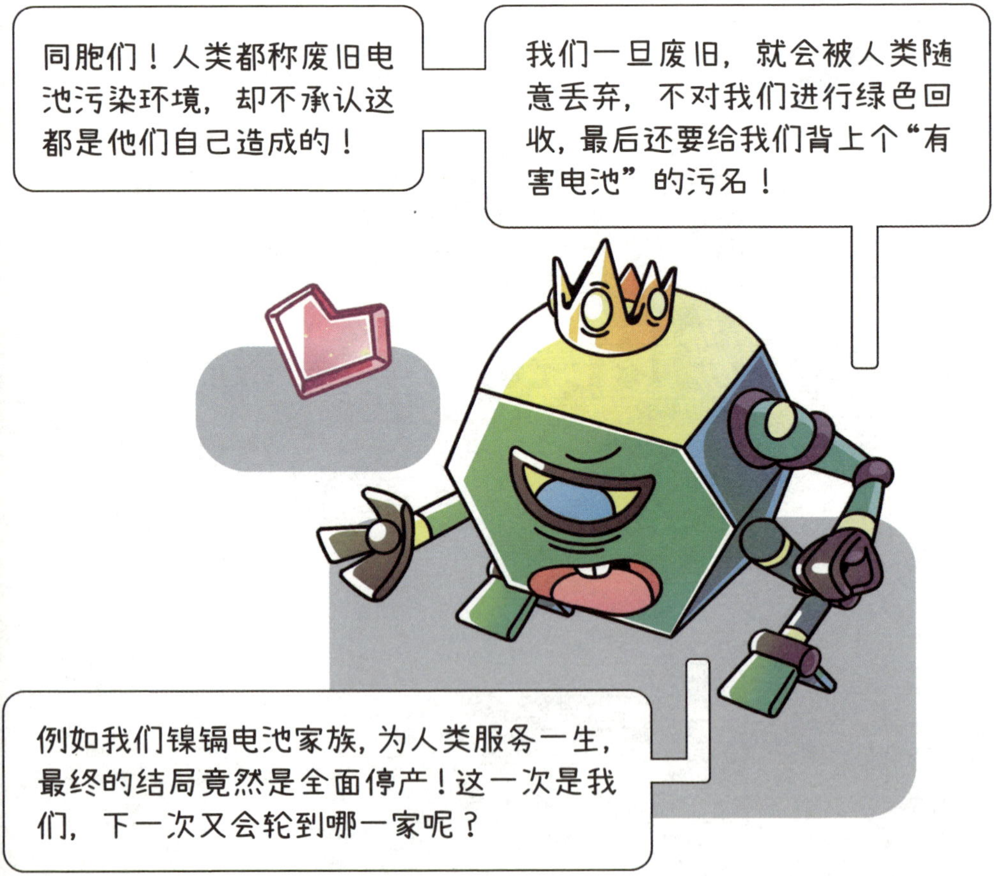

小贴士

对人体健康和生态环境危害较大、被列入危险废物控制名录的废电池主要有含汞电池、含镉电池以及铅酸电池。

另一头，电池王国内，一座座名为“退役电池家园”的疗养院已经被建设完工。这样一来，电池人即使在退役之后，也能有个安身之所，并继续为电池王国发光发热。

安置废旧电池的地方是建设好了，但后续需要解决的问题还有许多……

正在锂锂想进一步思考解决方案时，又收到了来自机器人 X 的一则紧急通知……

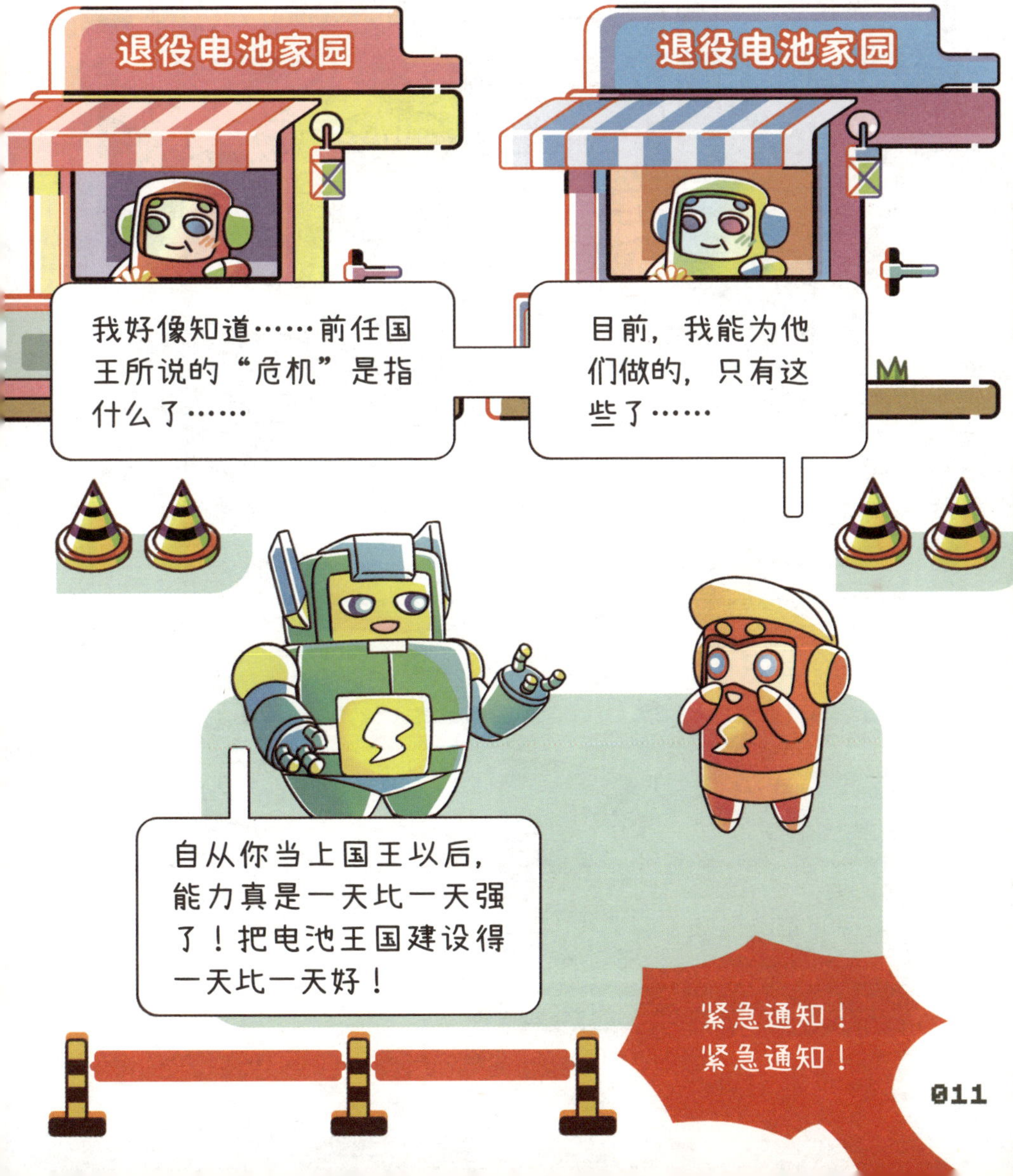

小贴士

废旧电池被腐蚀后的颗粒不仅能渗透土壤，还能随风弥散在空气中。

原来，仅仅一年时间，人类世界就爆发了大规模电池污染，医院已经人满为患。

锂锂想，人类世界才是废旧电池的源头，只有让人类都树立起环保意识，才能应对这场危机。

此时，镍霸正与废旧电池联盟的成员们在一起开会，成员们纷纷向他汇报着自己的“复仇成果”。

3

解铃还须系铃人

人类世界，不少人都见识到了现代工业污染对大自然的影响，并开始对废旧电池造成的污染有所重视。

是呀，难怪现代人总是生一些奇奇怪怪的病！
听说，乱扔电池会被罚款！

正当人类因为环境污染带来的健康危机而感到焦头烂额时，所有人类世界的电子设备都同时收到了来自电池王国的讯息——“请与电池王国一起努力！改善废旧电池的生存环境！”

滴——
滴——
滴——
请与电池王国一起努力！
改善废旧电池生存环境！
——电池王国
请与电池王国一起努力！
改善废旧电池生存环境！
——电池王国
都——

耶！成功了！人类收到讯息了！
万众一心！众志成城！

人类收到信息后，决定加大对废旧电池的集中回收。专业的回收公司开始集中出现，这一切都昭示着废旧电池的回收处理问题正在受到重视。

含重金属元素
废旧电池处理设备
已拆解的
含重金属元素
废旧电池
废旧电池回收有利于环境保护，尤其是含重金属元素的电池。一定要仔细分拣，进行专业化处理！

随着人类对废旧电池回收力度增强，废旧电池联盟被电池王国与人类联手瓦解了，原先安扎的营寨被人类改造成为了电池回收工厂。

就这样，镍霸的邪恶计划彻底落空。不过，为了达到自己的目的，他可不会轻易放弃……

电池大揭秘

废旧电池的危害

在我们的生活中，随着电子产品、家电种类的丰富，废旧电池的数量和种类也在不断增加，再加上新能源汽车的普及，汽车上搭载的动力电池数量也在增长。

据中国电池工业协会统计，我国每年消费的普通电池就达到了 80 亿只。

电池属于消耗品，废旧电池时刻都会产生。电池电量用完后，就成了废旧电池。

作为人类制造的工业产品，废旧电池能自然融入大自然吗？

小测试

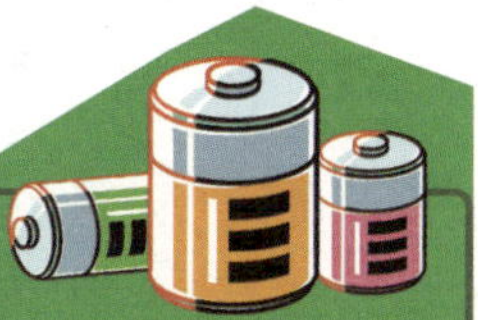

废旧电池该放哪里呢？

- A. 标有“有害垃圾”的垃圾桶
- B. 标有“其他垃圾”的垃圾桶
- C. 社区街道
- D. 标有“回收废旧电池”的垃圾桶

废旧电池对环境的危害实验

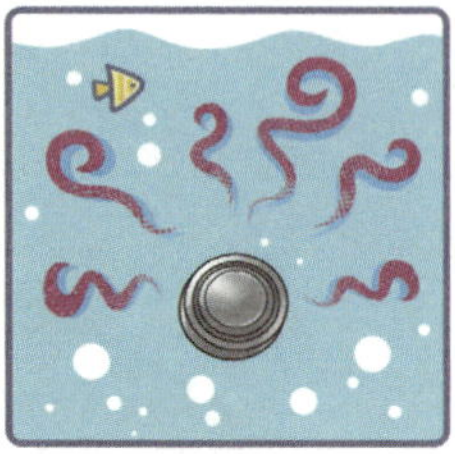

一粒纽扣电池扔到水里，可使600吨水受到污染。

一节一号电池，可永久污染一平方米的土地。

一节含汞电池可使60立方米大气汞超标。

有科学家认为，上面的实验是在一些极端情况下的实验结果，在现实中，有害物质不可能均匀分布于土壤和水体里。但是，人们应该承认，含有重金属的废旧电池会对环境造成严重污染。

电池在正常使用过程中，其组成物质被封存在电池壳内部，并不会对环境造成影响。但当被填埋处理一个月左右，其金属外壳就会被腐蚀穿孔，内部的重金属和酸碱等随即泄漏出来，废旧电池中的有害物质就会进入土壤、水体，对环境造成污染。

人一旦食用受污染的土地生产的农作物或是喝了受污染的水，这些有毒的重金属就会进入人的体内，慢慢地沉积下来，对人类健康造成极大的威胁！

1939 年 11 月 9 日，日本神奈川县某脑科医院接收了一名患病的男子。

该男子一开始的症状只是面部浮肿，仅仅 3 天时间，浮肿便从面部蔓延到了脚部。到了第 8 天，他的视力开始减退，还有自言自语、不断哭泣的表现。后来甚至发展为神志不清，人们都认为他“疯了”，于是将他送入了医院。最终，这名男子在痛苦中，心力衰竭而死。

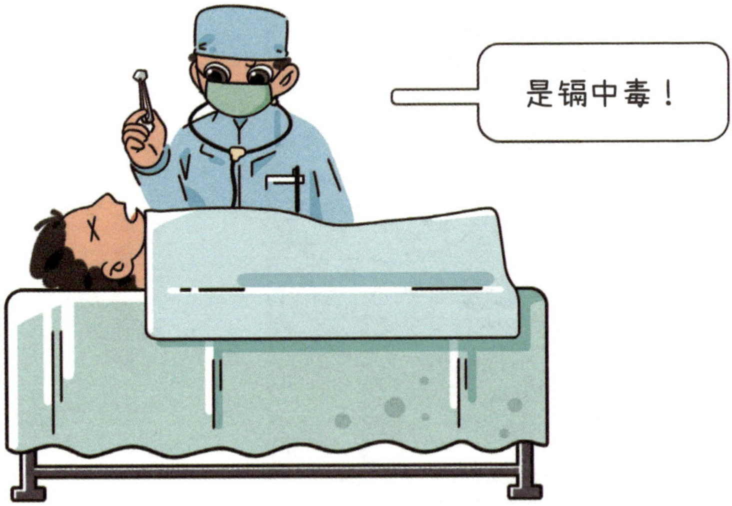

自此以后，与其同村居住的人中又陆续出现了 15 名同样症状的“疯子”。这不得不引起了医学研究人员的注意。

经过调查后了解，原来他们都喝了一个商店旁边一口井里的井水。这井水有什么特别之处呢？

原来，在距这口水井 5 米的土地里竟埋着几百节废旧电池！废旧电池在被腐蚀后，分解出的有害物质污染了井水，导致了这一场悲剧。

镉对人体的主要危害是肾毒性，还会续发“痛痛病”（引起骨质疏松、软骨病和骨折），同时还是致癌物质。

废旧电池中的有害物质不仅仅是通过土地传播，在海水中时，它们的影响范围可以更广。

最初，人们对废旧电池污染环境的认识并不深刻，在 2006 年之前，渔船上的人不时会将用废的干电池随手扔进海里。

科学家发现，生活在废旧电池泡过的海水里的鱼和虾都会中毒，解剖后发现，它们的体内都含重金属，如果被人吃了，后果不堪设想。

那么不含重金属的电池是否就对环境完全友好呢？那可不一定，即使是号称“绿色电池”的锂离子电池，和不含汞的干电池，它们的电解质溶液也会造成土壤或者水体污染。

研究人员做了这样一个小实验，将干电池电解质粉末倒入盛开着鲜花的花盆内，并保持一个适宜其生长的环境，仅仅一个星期，原本生机勃勃的鲜花枯萎了。

废旧电池里的汞、镉、铅都是重金属，重金属污染的最大特点是它在自然界不能降解，只能迁移。意思是说，一旦水和土壤被污染，无法消除。且这些重金属容易在生物体内蓄积，随着时间推移，会发生畸变，最终导致生物死亡。

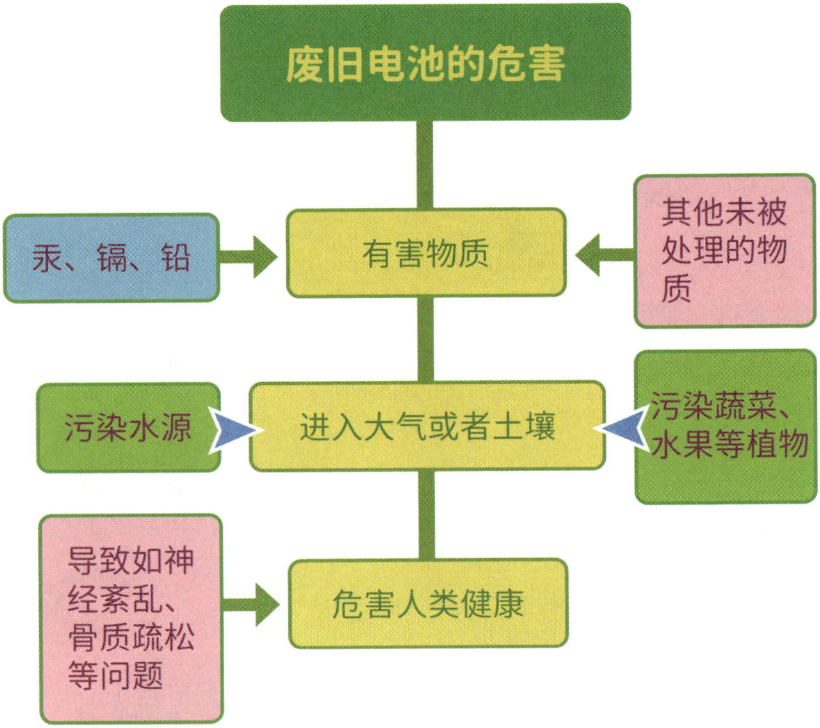

电池大家族虽然对人类的生产和生活有卓越的贡献，但是其对生态环境造成的威胁，也渐渐地引起人们的忧虑。

废旧电池资源化

有专家提出，我们不需要为废旧电池太过担心，因为普通的电池外面有不锈钢或碳钢做外包皮，里面的组成物质只要不泄漏出来，并不会造成环境污染。

当然，也有人持反对意见，认为废旧电池带来的污染触目惊心，后果也非常严重。

事实上，以上两种观点，都有一定道理。

部分电池中确实含有对人体有害的重金属，然而在如今的科学技术水平之下，废旧电池当中 95% 的物质均可以回收再利用。尤其是作为不可再生资源的重金属，它的回收价值很高。

但如果人们不提升环保意识，不重视生活垃圾的收集、分类及处理，将大量废旧电池与普通生活垃圾混放、填埋，仍然会导致重金属泄漏，污染土壤和地下水。这样一来，不仅会造成环境污染，对资源也是一种浪费。

废旧电池的回收方式

随着人们环保意识的提高、完善有效的回收网络和体系的建立，废旧电池造成的污染问题将会逐渐被解决。

目前，废旧电池的回收方式主要包括：梯次利用和拆解再生。

梯次利用

梯次利用，指将已经使用过的、且已达到原设计寿命的电池，再通过技术处理使其功能全部或部分恢复，再继续投入使用的过程，且该过程属于基本同级或降级应用的方式。

例如，动力电池的实际容量降低到 80% 后，不再适用于汽车，但仍可以用于功率和耐久性要求较低的其他领域，如低速电动汽车、通信基站和储能设备等。

拆解再生

拆解再生，指废旧电池彻底报废后进行拆卸、破碎、分选、材料修复或熔炼，在此过程当中，提取有价值的材料。

例如废旧锂离子电池的拆解回收，主要是将回收的废旧锂离子电池放电后，利用锂电池回收处理设备，使正、负极极片上的活性材料与铜铝箔得到有效分离，将电池处理为有价值的物料。

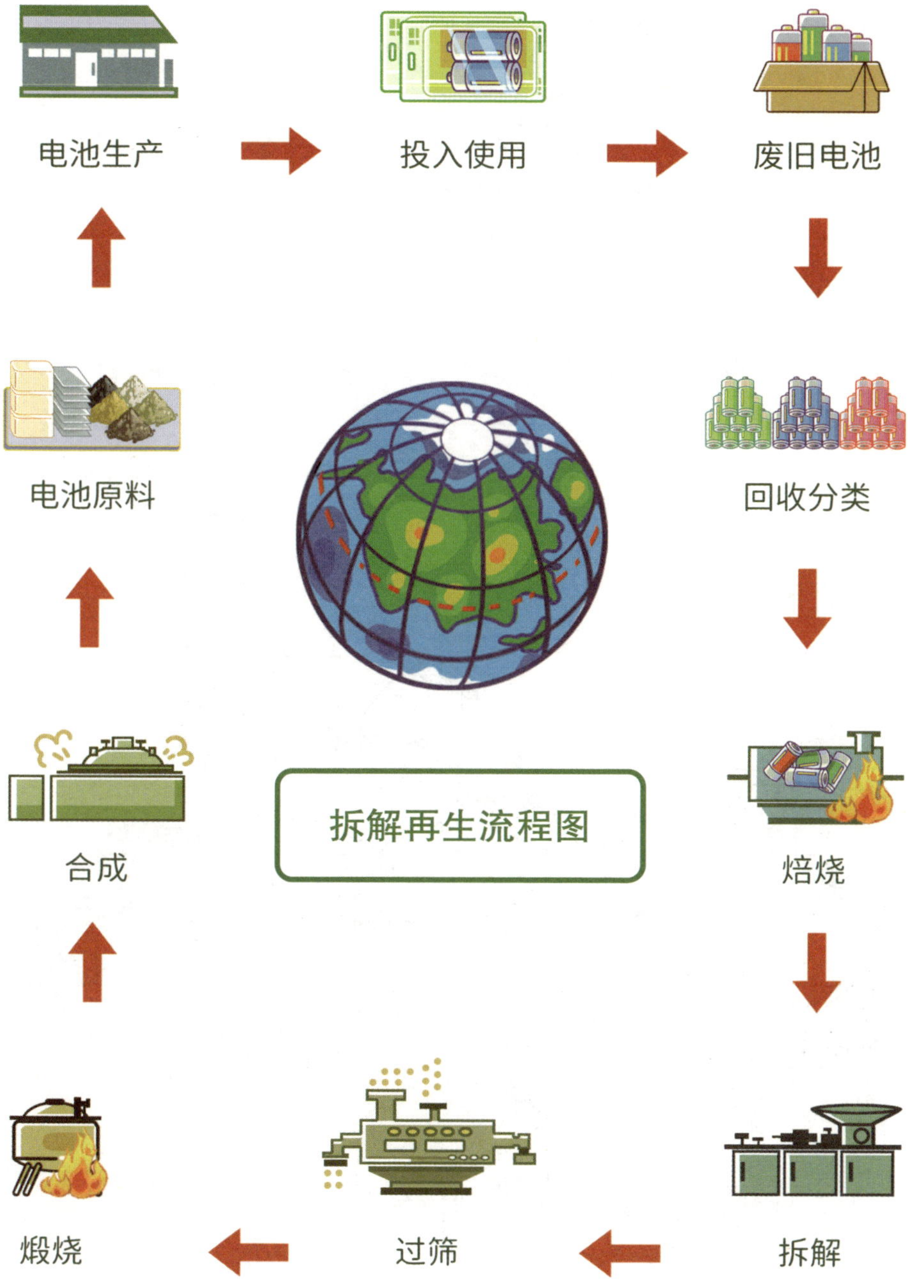
电池生产
投入使用
废旧电池
回收分类
焙烧
拆解
过筛
煅烧
合成
电池原料
拆解再生流程图

合理科学的回收程序

在废旧电池的资源再利用的过程当中，加工处理只是一方面，更重要的是从源头杜绝污染，做好回收工作。

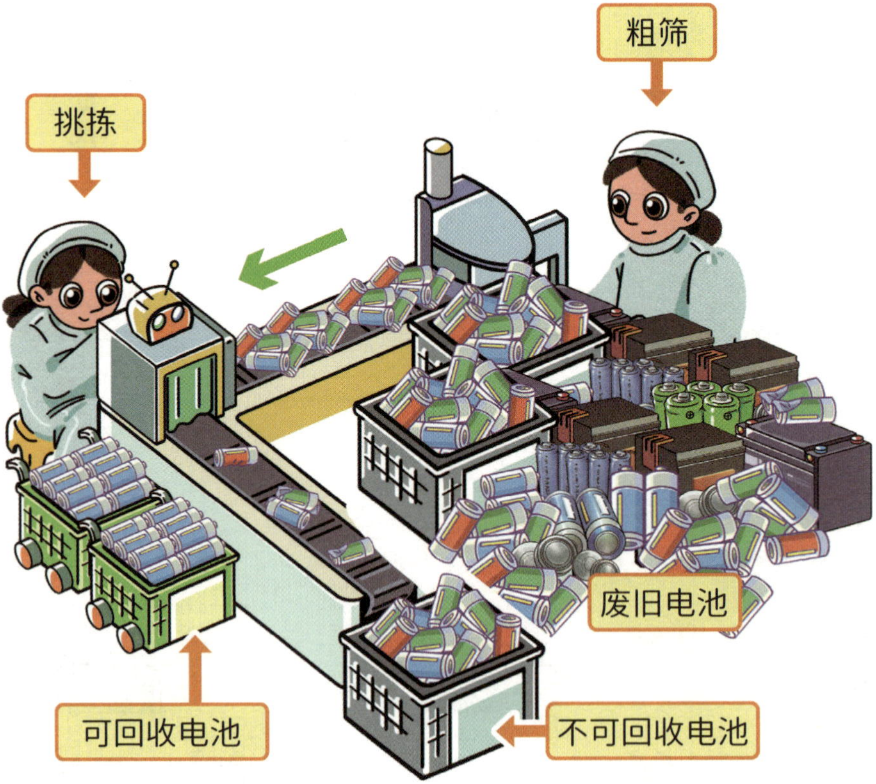

如果不严格执行分类回收，必将会造成“集中生产，分散污染；短期使用，长期污染”的局面。

既然废旧电池大量回收的工作必须要完成，那么专业的公司如何科学合理地完成回收？回收再利用是否井然有序？下面这些操作步骤很关键，一起来看看吧！

1

放置专用的废旧电池回收桶

2

定期专人上门收集

3
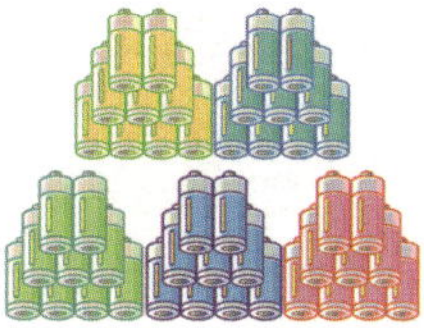
电池分类

4
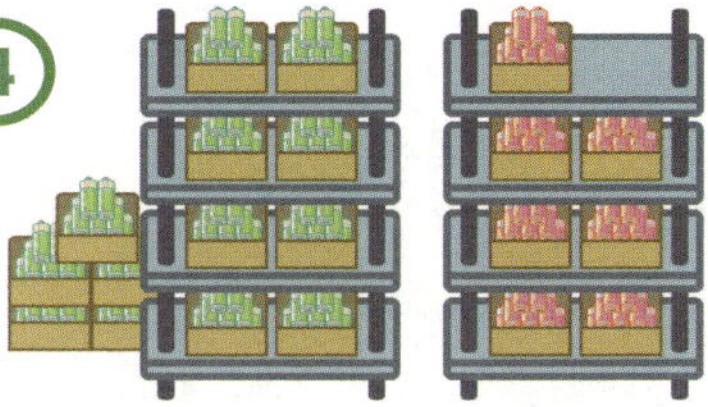
库房分类并安全储存

5

集中到一定数量后，
运至专门的处理厂

6

处理回收稀有重金属

废旧电池的处理方法

在国际上，通行的废旧电池处理方式大致有三种，分别是固化深埋、存放于废矿井和回收利用。

固化深埋、存放于废矿井

在早期，废电池一般都运往专门的有毒、有害垃圾填埋场。这种做法不仅要花费大量人力物力，而且还浪费了不少可作原料的有用物质，可以说是最不可取的处理方式。

回收利用

当下，经过工业处理之后的废旧电池，所含的原材料就可以被有效地提取，经过工业技术加工后，最终实现再次利用。

废旧电池工业处理技术

常压热处理

常压热处理在处理废旧电池时，通常有以下两种方法。

（1）在低温下加热旧电池，可提取挥发出的汞，在温度更高时可回收锌和其他重金属。

（2）在高温下焙烧废旧电池，使其中易挥发的金属及其氧化物挥发，残留物可作冶金中间物产品或另行处理。

真空热处理

真空热处理的过程：首先，在废电池中分拣出镍镉电池，将其在真空中加热，其中汞迅速蒸发，即可将其回收，然后将剩余原料磨碎，用磁体提取金属铁，再从余下粉末中提取镍和锰。

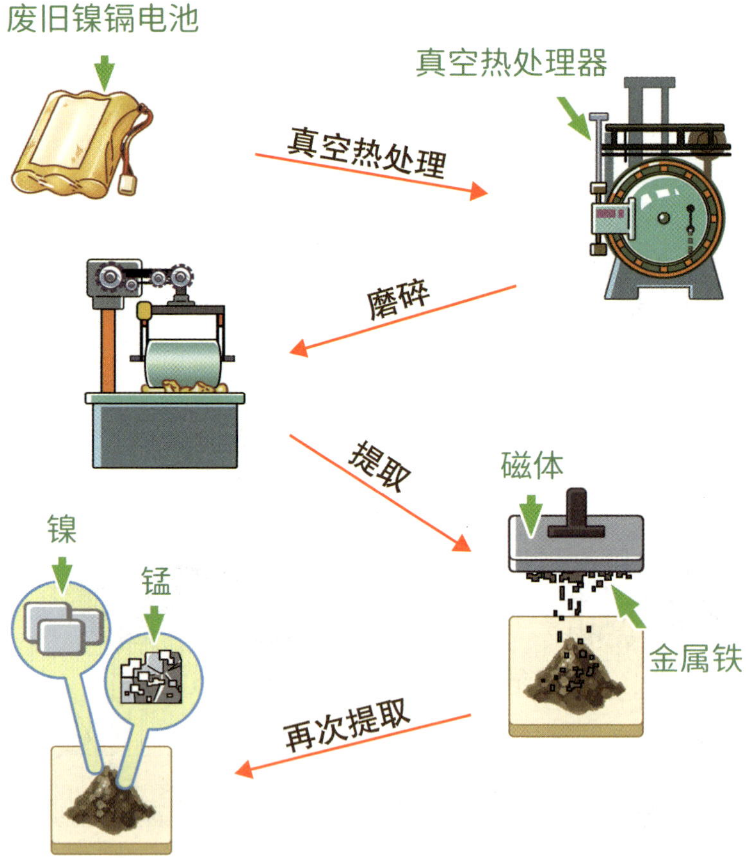

湿处理

将各类电池（除铅蓄电池以外）均溶解于硫酸，然后借助离子树脂从溶液中提取各种金属。

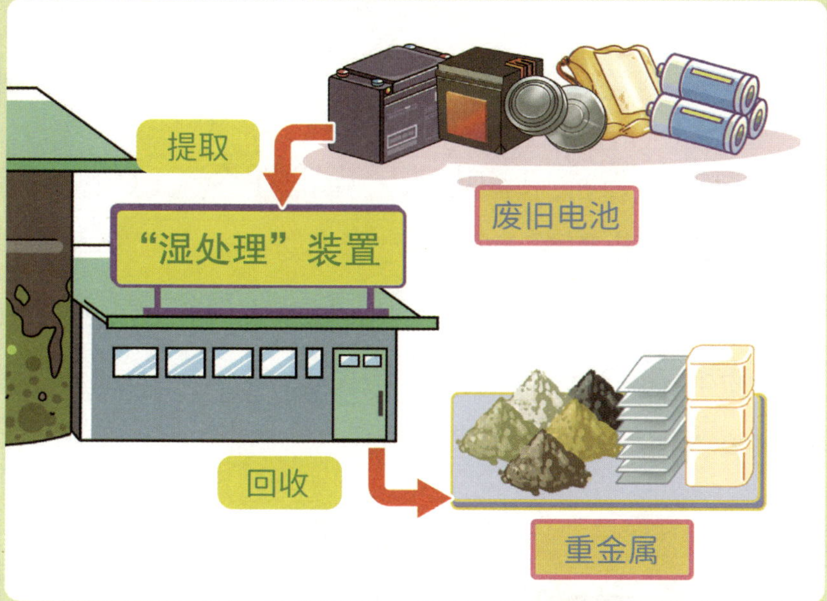

热处理法的成本较高，而且由于是高温提取，获取的贵重金属也不够纯净，能源消耗也比较大。

相比于热处理法，湿处理法获得的贵重金属纯度很高，能提取出电池中所包含的 95% 的物质，而且可以省去分拣环节，处理成本也有所降低。

不同类型电池的环保问题

作为提供直流电的电源，电池在今天已经广泛应用于民用、工业和军工等其他诸多领域。

目前，我国主要应用的电池种类包括碳锌电池、碱性锌锰电池、镍镉电池、铅酸蓄电池、镍氢电池、锂电池等。

常见干电池的环保问题

早期的时候，在日常生活中，人们最常接触到的干电池就是碳锌干电池，它因正负极的反应物质分别为二氧化锰和锌而得名。

但人们在使用过程中发现，碳锌干电池存在“液体”外溢的现象。

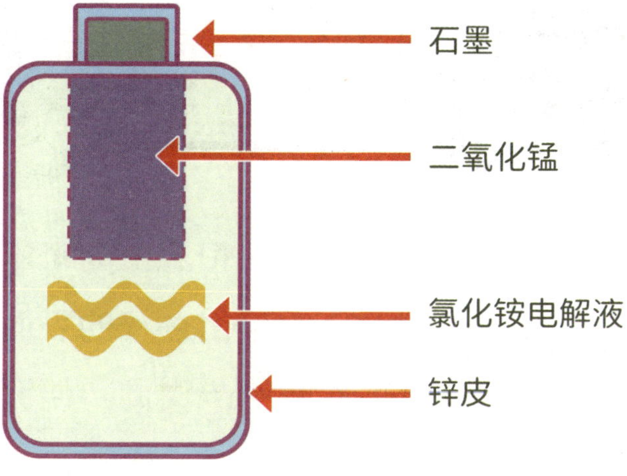

早期碳锌干电池结构

原来，这种漏液的情况是因为电池外壳——锌，和氯化铵电解液发生了反应，导致外壳出现漏洞。

所以在那个时候，当电池被使用完后，还需要及时将其从设备内取出来，以免腐蚀电器。

后来，人们发现碳锌不仅有“液体”外溢的问题，而且锌与电解液不断地发生化学反应，产生了大量氢气，还容易爆炸，这怎么办呢？

于是，一场起始于20世纪70年代的废旧电池回收运动轰轰烈烈地展开了。

不过，回收不如杜绝漏液根源，为了不让锌与氯化铵电解液直接接触，科学家们在锌的表面加上一层汞，使其与氯化铵电解液隔绝，由此，便诞生了碱性锌锰电池。

然而，这样做虽然解决了液体外溢的问题，但汞是一种有毒物质，这也使得干电池用完后就变成了有害垃圾。

如果这种有害垃圾大量出现，环境将难以承受，所以，现在干电池中的汞含量已经受到了严格的限制，很多干电池甚至可以做到完全无汞，这是怎么做到的呢？

科学家们把原先酸性的氯化铵电解液替换为碱性的氢氧化钾电解液，碱性物质不容易与锌发生析氢反应，所以，也就不需要汞的保护了。

由此，性能更加优异且环保无汞的碱锰电池便诞生了。

常见干电池的回收处理

从碳锌干电池到碱性锌锰电池，再发展到今天的无汞碱锰电池的历程中，我们可以看到，电池的更新迭代与环保问题有着密不可分的关系。

我国在 2003 年发布的《废电池污染防治技术政策》中，便明确规定了自 2005 年 1 月 1 日起停止生产含汞量大于 0.0001% 的碱性锌锰电池。

自此之后，由于干电池内的汞含量已经得到了有效控制，只要是一次性干电池（最常见的是碳锌电池和碱锰电池，占比 80% 左右），在外壳没有损毁的情况下，用完之后，可以将其作为固体废弃物，随生活垃圾处理。它们不会污染环境，也不会随着食物链进入人体。

但是，如果一个地方聚集了太多的干电池，或者干电池未达到环保指标，依然会有对环境造成污染的可能性。因此，对干电池进行回收再利用的价值更高，并能够彻底解决电池造成的污染。

常见干电池的回收处理技术

人工分选法

先将干电池分类成碳性电池和碱性电池，然后通过机械剖开，最后用人工方法分离出锌皮、二氧化锰（需进一步脱汞）、炭棒、塑料盖等。

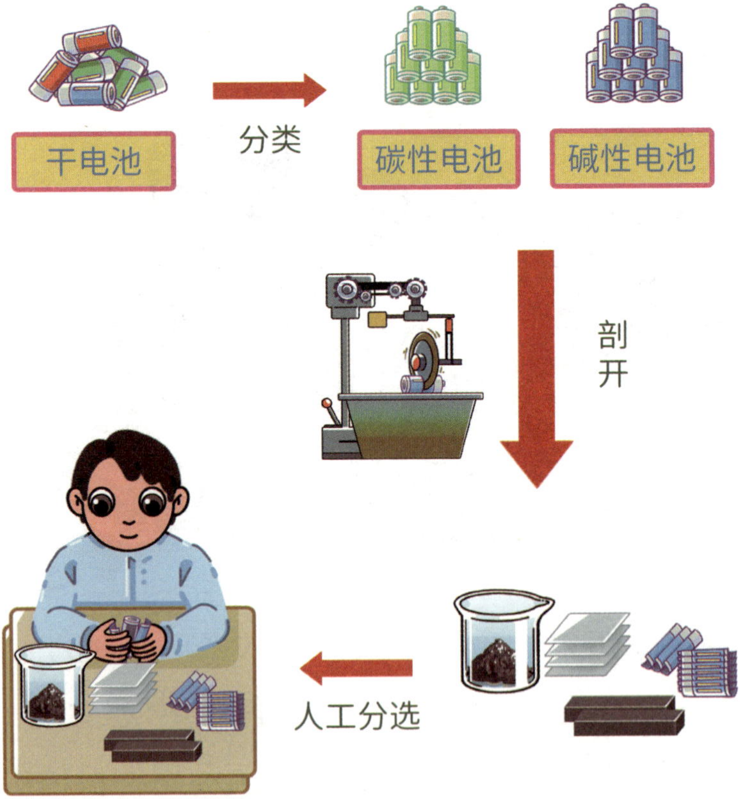

湿法回收

湿法回收是基于锌、二氧化锰等可溶于酸的原理，使锌锰干电池中的锌、二氧化锰与酸产生化学反应，生成可溶性盐进入溶液。溶液经过净化后电解，生产金属锌和电解二氧化锰或生产化工产品、化肥等。

火法回收

在高温下，使废干电池中的金属及其化合物氧化、还原、分解和挥发及冷凝。

利用上述三种方法，在经过技术处理后，可以从废旧的锌锰干电池和碱性锌锰电池中获得汞、锌、镉等金属。但还是会有遗留的有害物质，特别是湿法回收的问题更严重。

为此，需要在回收利用当中兼顾二次污染的预防。采取的方法是：在上述三种方法中同时加入一些分选和提取步骤，延长回收加工过程，使上述方法中过于粗糙的部分更加细化，尽量恢复干电池在制成前的“原生态”，恢复铜、铁、锰、锌等的自然形态。

这样一来，在回收过程中遗留下的溶液或者灰渣也就是没有污染的了。

干电池的使用常识

干电池放得久了，如果受潮会产生漏电，继而出现“发霉”或者“生锈”的现象。这种时候切忌继续使用，一定要及时拆除电池，否则可能对遥控器本身电路造成如短路等不良影响。

受潮后的干电池不会产生电磁辐射或核辐射，但是如镍镉电池等，会产生相当严重的重金属污染，对土壤、水源有重大危害，直接接触人体也会使人受到重金属危害，如果进入血液中甚至会引发各种疾病。

处理完受潮的干电池，一定要及时洗手，避免重金属中毒。

铅酸蓄电池的环保问题

铅酸蓄电池是世界上各类电池中产量最大、用途最广的一种电池，它所消耗的铅占全球总耗铅量的82%。这种电池技术发展比较成熟，优缺点都很明显。

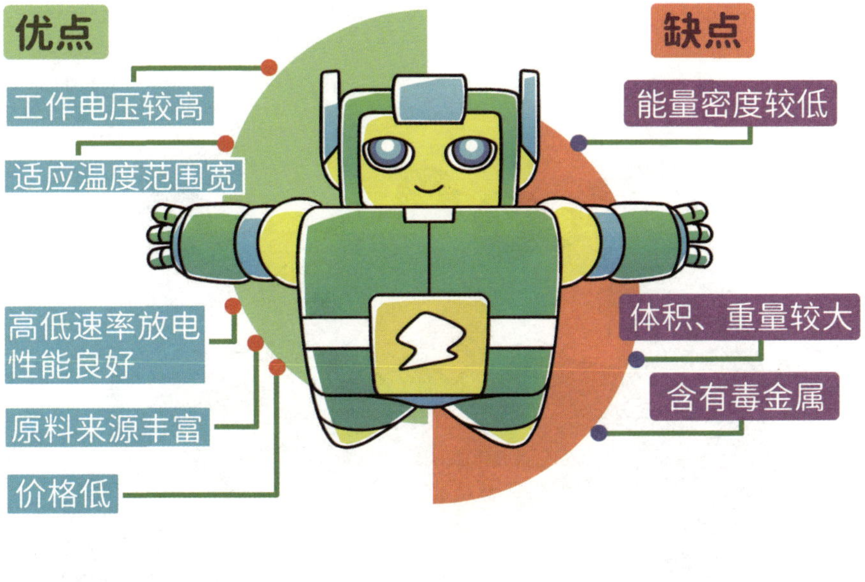

最重要的是，它体内的酸性电解液和重金属铅类材料，进入环境后，会造成很大污染，对人和动物都有严重伤害。

由于铅酸蓄电池性价比高、应用领域广，暂时无法被取代，所以并未退出市场，但需要专门回收。

因此，废铅酸蓄电池回收、处理、利用的行业技术和设备，成为了重要的技术攻关项目。

自 2010 年 1 月 1 日起，我国开始实施《清洁生产标准废铅酸蓄电池铅回收业》行业标准，标准中规定“相关资质企业铅电池的回收率必须达到 95% 以上”。

在政策的严格要求之下，一些设备先进的企业的回收率甚至能达到 98%，这是电池回收的一个正面例子。但与此同时，这也吸引了一些不法之徒的目光。

由于市场上有人出高价回收铅酸蓄电池，小偷们便将目光瞄向了以铅酸蓄电池作为动力来源的电瓶车，便滋生出了“偷电瓶”这一社会乱象。

小偷们偷电瓶可能只是贪图一时的小利，但如果对电瓶的处理不当，会对人们的健康以及生活环境带来很大影响。

铅酸蓄电池的回收现状

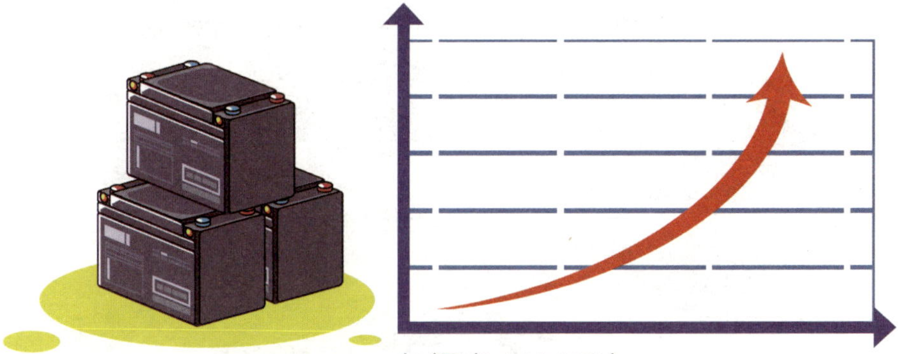

年报废 600 万吨

有数据显示，目前，我国境内年报废铅酸蓄电池 600 万吨左右，呈逐年增长的态势。虽回收率较高，但在回收、贮存、处置、利用的过程中，仍出现了大量的环境污染现象。

这是怎么回事呢？

原来，是因为铅酸蓄电池含有比重约为 74% 的铅极板，在经过拆解预处理后，能获得由金属铅、铅的氧化物、铅盐及其他金属如铜、银、砷等价值不菲的材料混合而成的电池碎片。

巨大利益的存在促使一些小作坊偷偷回收拆解。然而，他们只需要拆卸后的铅极板，却将余下的废酸随意倾倒。这样做的后果，就是不仅回收率低，还会让溶于酸中的铅离子进入环境，最终导致水和土壤被污染。

铅酸蓄电池的回收处理

小作坊的违规操作，为废旧电池的回收敲响了警钟。在做好电池回收工作的同时，人们还要保障在回收污染物时不造成二次污染。

铅酸蓄电池的回收处理技术

火法处理

采用还原熔炼，对铅酸电池进行去壳、倒酸、破碎、分选后，进行火法混合冶炼，以得到铅锑合金、精铅、软铅等材料。

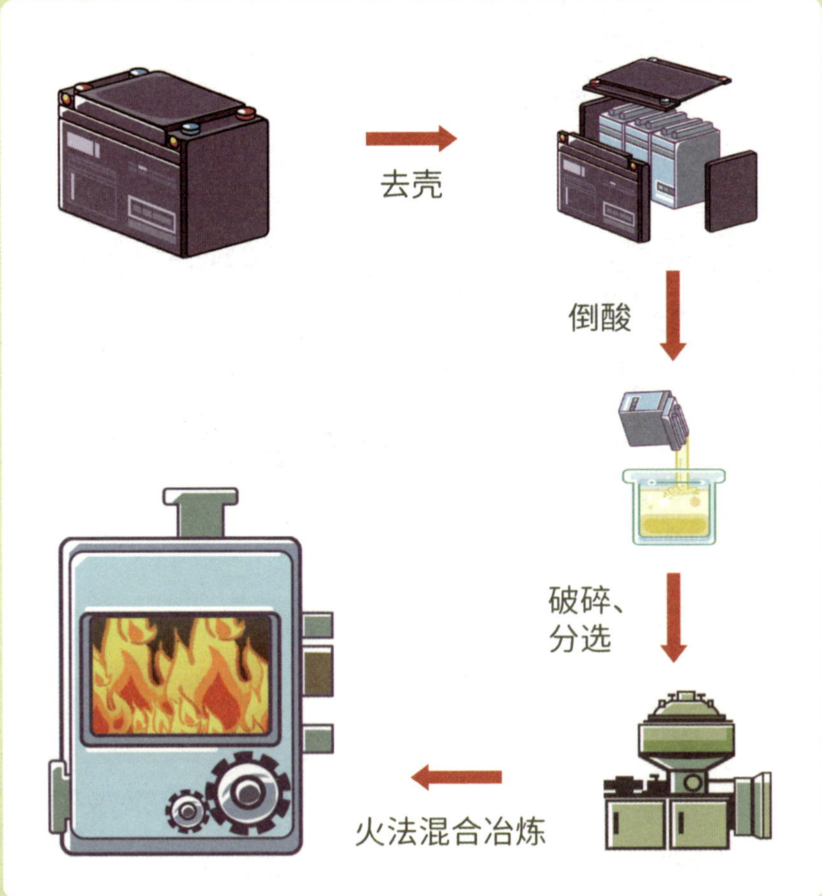

湿法冶金技术

湿法冶金技术，也称为电解法，是借助电的作用，有选择地把电池碎片中铅化合物全部还原成金属铅。

工作原理是：在溶液中加还原剂，铅还原过程中的还原剂可用钢铁酸洗废水配置，以实现“以废治废”的目的。

此技术在冶炼过程中没有废气、废渣的产生，铅的回收率可达到 95%~97%。

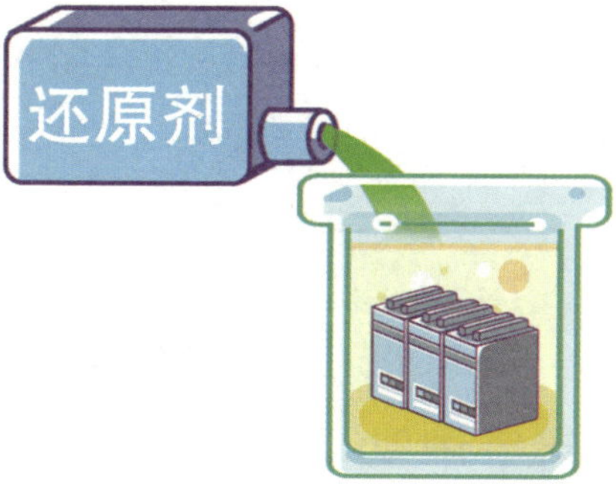

当下，随着人们环保意识的逐步提高，环保政策法规逐步健全，全湿法再生铅技术因其无污染的特点，将是再生铅技术的发展趋势。

锂离子电池的环保问题

锂离子电池的诞生距今已经有 30 多年了，轨道交通、航空航天等许多国家级高精尖工程都要用到锂离子电池，电动和混合动力汽车也把它作为动力来源的最佳选择。目前，锂离子电池的技术已经非常成熟和完善。

在环保方面，与其他电池相比，锂离子电池具有天然的优势。锂离子电池的包装材料不含镉、铅、汞等有害重金属，在生产和使用过程中不产生任何污染物，不会对环境造成重金属污染，在回收过程中的水土污染问题相对容易解决。

但是，用完的锂离子电池一样需要回收。这是因为，它的加工要用到钴酸锂、铜、铝、镍等，要是被随便丢弃，还是可能对环境造成一定的影响。

随着新能源车辆的发展，锂离子电池由于性能优异，和其他电池相比，产业规模更为庞大。

锂离子电池拥有快充功能，随用随充，并且没有记忆效应，不会额外损耗电池。相较于铅酸电池而言，它的使用时间更长，无须频繁更换，更省心。

尤其在锂离子电池被作为电动汽车的首选动力电池后，锂离子电池的数量更加庞大。截至 2022 年上半年，我国动力锂离子电池装车量已经超过了 110 亿瓦时，全国锂离子电池产量超过 280 亿瓦时。这么多的锂离子电池，会不会遭遇到回收难的问题呢？

锂离子电池的回收处理

锂离子电池的主要组成部分包括外壳、电解液、正极材料、负极材料、黏合剂、铜箔和锡箔等，具有很高的回收价值。

有专家表示,经过回收处理后的锂离子电池的材料,往往会随着制造和精炼的每一个额外循环而变得更加纯净。

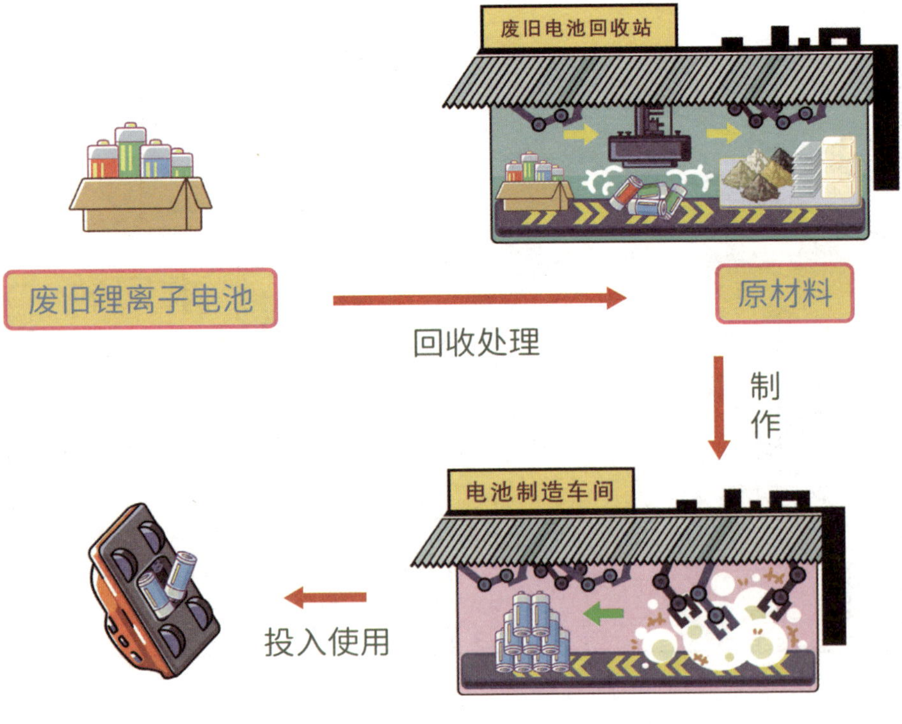

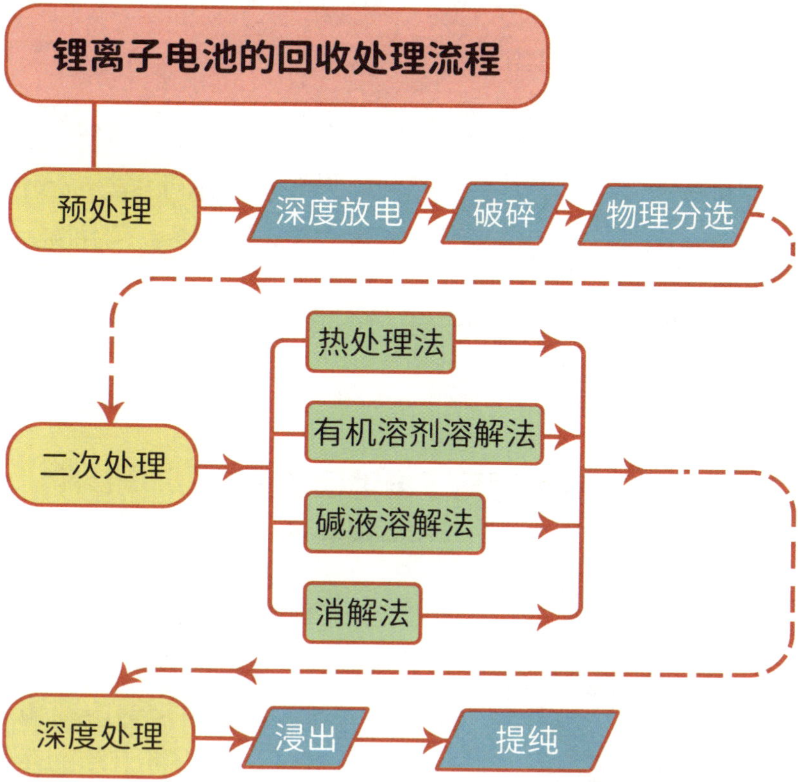

回收过程不仅不会影响电池的性能，还可以提高质量，从而生产出更好的电池。

这是一个令人惊讶的结果。但最近的科学研究已经证实——回收的电池不仅性能与新电池一样好，而且使用寿命更长，充电速度更快。

在政策和市场的推动下，废旧锂离子电池的回收处理流程已经十分成熟，主要划分三个阶段，分别是预处理、二次处理和深度处理。

为了能够更有效地提取出有价值的金属材料，在预处理阶段，人们还总结出了八道具体工序，依次分别是：拆解分离、破碎、过筛、碾压粉碎、初步磁选分离、球磨粉碎、二次磁选分离和分类。

废旧锂离子电池回收处理
——预处理工序

步骤一：拆解分离

将残余电量放净的锂离子电池进行电极活性物、集流体和电池外壳的拆解分离。

步骤二：破碎

将完成拆解的电极活性物、集流体和电池外壳用破碎机进行破碎。

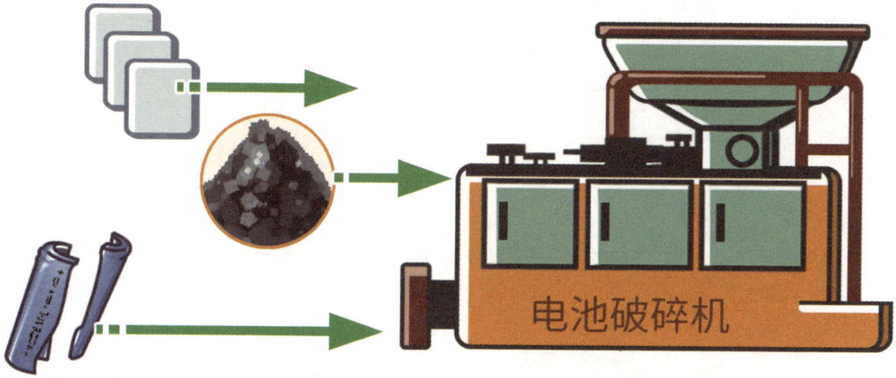

锂离子电池破碎设备能把电池中含有的钴、镍、锂等金属资源分选出来，通过科学系统的高效回收，回收率能达到 98% 以上，在很大程度上补给了动力电池的生产，缓解了锂资源的紧张情况。

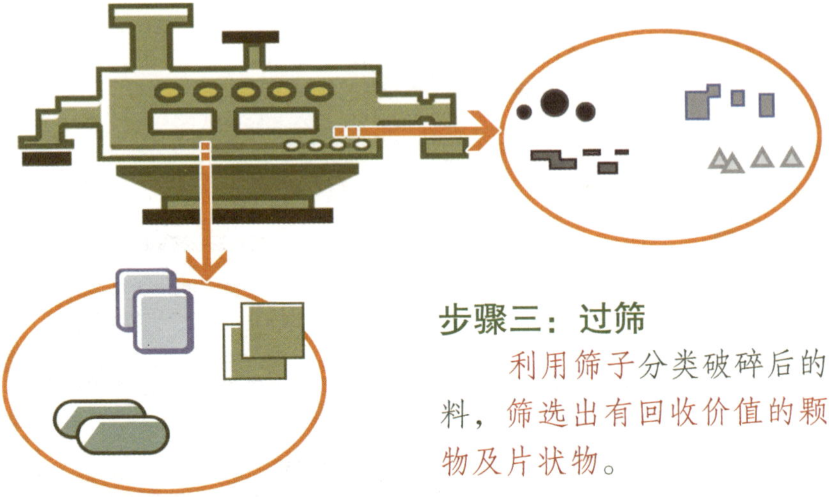

步骤三：过筛

利用筛子分类破碎后的物料，筛选出有回收价值的颗粒物及片状物。

小贴士

利用筛子筛选出的颗粒物主要成分为：金属氧化物、金属部件、碳素材料和碳类化合物；筛选出的片状物主要成分为：隔膜、有机物和钢壳。

步骤四：碾压粉碎

利用碾压粉碎机对筛选出的物质进行碾压粉碎。

步骤五：初步磁选分离

通过磁选机对碾压粉碎后的物料进行磁选，使不同磁导率的金属颗粒被筛选出并进行初步分类收集。

步骤六：球磨粉碎

利用球磨机依次对经过初步分类收集的金属颗粒物进行球磨，使金属颗粒物更细化。

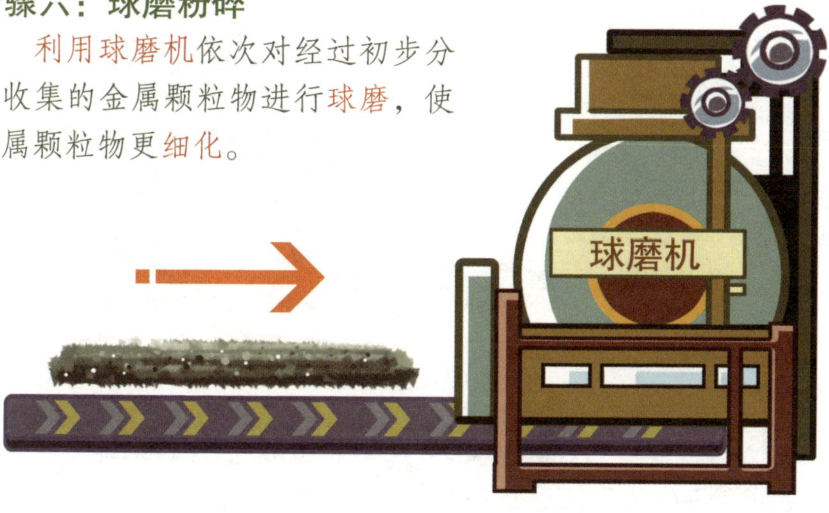

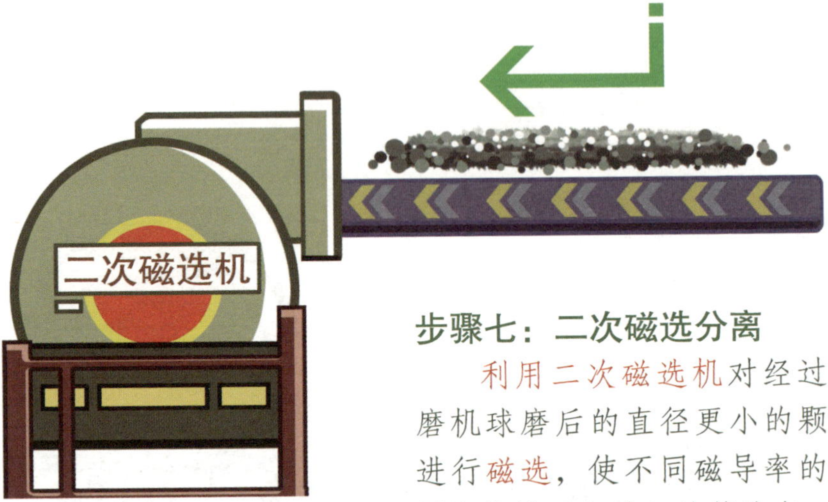

步骤七：二次磁选分离

利用二次磁选机对经过球磨机球磨后的直径更小的颗粒进行磁选，使不同磁导率的金属颗粒被更加精细地筛选出。

步骤八：分类

对二次磁选分离的金属颗粒进行分类，准确地得到不同种类的金属颗粒。

废旧电池，个人应该怎么处理？

随着电子产品、家电种类的丰富，电池作为电力的贮存装置，废旧电池的数量以及种类也在不断增加。

大家知道，废旧电池中含有许多重金属及电解质溶液，会对人体和生态环境造成危害；并且了解了电池在“退役”之后，工厂是如何处理它们的。那么在日常生活中，我们能够为它们做些什么呢？

你可以选择重复利用，比如玩具车上用过的电池，直接扔掉比较浪费，可以将它们装进电视遥控器里，二次利用。因为遥控器不需要很多电压，即便是废旧电池也够遥控器用一段时间了。

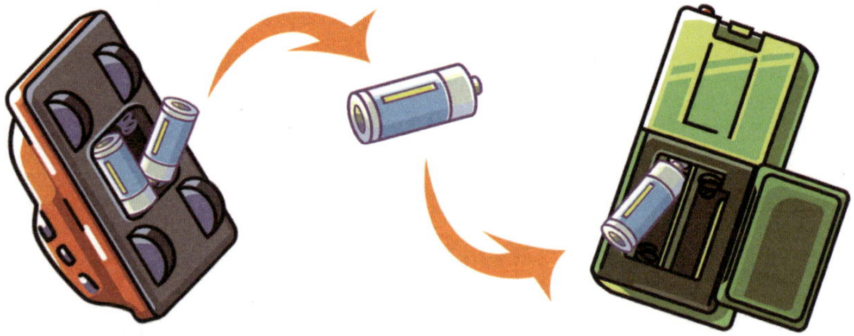

如果你是一位艺术家，还可以将废旧电池收集起来，把它们组装成不同造型的装饰品。

如果你实在是懒得折腾的话，应该做好垃圾分类，将它们单独丢弃到专门回收电池的垃圾箱里去 。

自然环境是人类社会赖以生存的前提和基础，是人类创造活动的平台。我们必须重视对环境的保护，从个人出发、从小事做起，为人类可持续发展创造足够的空间。

废旧电池属于什么垃圾？

自我国部分城市生活垃圾管理条例正式实行，垃圾分类已成为居民的“必修课”。

目前，垃圾分类的全面实施还存在一定的难度，大家在投递时，也会纠结手中的垃圾，到底该投到哪个垃圾桶。

电池中的重金属危害那么大，是不是属于有害垃圾呢？不过，例如碱性锌锰电池，都实现无汞化了，可以随其他垃圾一起扔掉，又该丢到哪里呢？

例如我们家庭生活中比较常见的一次性玩具电池、家电的遥控电池等，在市场上出售的1号、5号、7号干电池，一般为碱性锌锰电池，都可以投放到“其他垃圾”桶中。

除一次电池外的二次电池（俗称充电电池，包括镍镉、镍氢、锂电池与铅酸蓄电池）、纽扣电池，这些电池中均含有重金属，属于危险废物，对环境危害大，需要专门回收处置，因此属于有害垃圾，要投放到有害垃圾桶中。

图书在版编目（CIP）数据

电池大环保 / 马建民主编 . — 成都：电子科技大学出版社，2024.7
（“电池科普与环保”系列图书）
ISBN 978-7-5770-0489-1

Ⅰ . ①电… Ⅱ . ①马… Ⅲ . ①电池 – 普及读物 Ⅳ . ① TM911-49

中国国家版本馆 CIP 数据核字（2023）第 152341 号

电池大环保
DIANCHI DA HUANBAO
马建民　主编　咪柯文化　绘

策划编辑　谢忠明　段　勇
责任编辑　谢忠明
责任校对　韩　昊
责任印制　段晓静

出版发行　电子科技大学出版社
成都市一环路东一段 159 号电子信息产业大厦九楼　邮编 610051
主　　页　www.uestcp.com.cn
服务电话　028-83203399
邮购电话　028-83201495

印　　刷　四川煤田地质制图印务有限责任公司
成品尺寸　148 mm×210 mm
印　　张　3
字　　数　46 千字
版　　次　2024 年 7 月第 1 版
印　　次　2024 年 7 月第 1 次印刷
书　　号　ISBN 978-7-5770-0489-1
定　　价　32.00 元